JN075906

もっと知りたい さくらの世界

監修・勝木俊雄

汐文社

はじめに

日本では、春になるとさくらがさき、
花を見て楽しむお花見がおこなわれます。
あたたかな日の光のなか、みんなと食べるおべんとうは、
とてもおいしいものです。

このようなお花見は、日本全国でその土地にあったやり方で
おこなわれています。そして、今では日本だけではなく、
世界中の人びともさくらの花を楽しむようになりつつあります。
また、春に花を見るだけではなく、
さくらはふだんの生活のなかでもさまざまに利用されています。
日本の社会は、さくらであふれているのです。

これほど身近なさくらですが、
みなさんはさくらについてどれだけ知っていますか？

このシリーズの１巻では、
生き物としてのさくらの種類や四季の変化について、
２巻ではお花見の名所や歴史について、
３巻ではさくらを使った言葉や食べ物、
もようなどについて、しょうかいしています。

さくらのことをもっとよく知るようになると、
きっとお花見が今より楽しくなるでしょう。

勝木俊雄

もくじ

※さくらの種類の表記について：文中の‘　’の記号はさいばい品種（→1巻）のさくらを、カタカナは野生種（→1巻）のさくらを表しています。

さくら前線がやってきた！

３月の終わりごろ、花見の季節が本格的にはじまります。‘そめいよしの’は、日本全国いっせいに開花するわけではなく、ふつう、南から北へさいていきます。

南から北へ向かって進むさくら前線

「さくら前線」とは、さくらが開花した場所を結んだ線のことです。ふつう、あたたかな南からさいていくため、さくらが開花する場所は、北に向かって動いていきます。これを梅雨前線などの天気の言葉にたとえて、さくら前線とよぶのです。

毎年春が近づくと、これまでの観そく結果や、これからの天気予報から、さくらの開花予想が発表される。以前は気象庁がおこなっていたが、現在では民間の気象予報会社が予想している。

出典　さくらの開花日の等期日線図
（1981～2010年 平均値）気象庁ホームページ

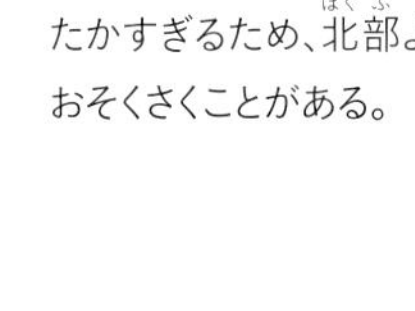

九州では、南部の冬があたたかすぎるため、北部よりもおそくさくことがある。

3月25日

沖縄県や鹿児島県の一部では、カンヒザクラ（→１巻）が標本木として観そくされている。

カンヒザクラ

日本各地のさくらの開花

各地で観そくした結果をもとにつくられた平均的なさくらの開花日（1981〜2010年 平均値）。

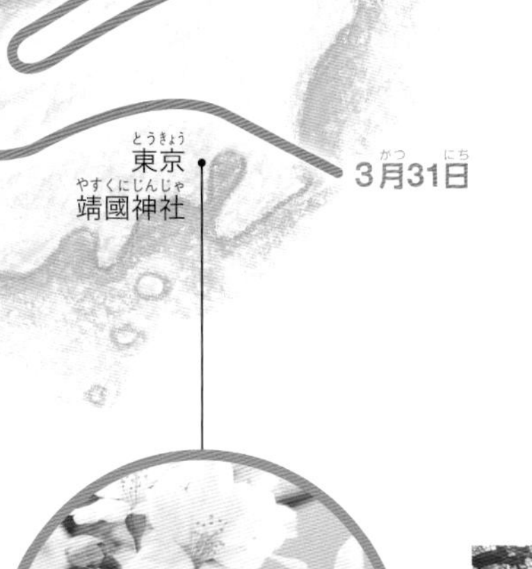

オオヤマザクラ

北海道の一部では、オオヤマザクラ（→１巻）が標本木として観そくされている。

‘そめいよしの’

開花せん言ってなに？

さくらがさいたことを伝える開花せん言は、気象庁が定めた「標本木」とよばれるさくらを観そくしておこなわれます。標本木の花が５〜６輪さくと、開花です。気象台や公園、神社など、全国およそ60か所で観そくされています。標本木の多くは‘そめいよしの’ですが、北海道や鹿児島県、沖縄県などの一部の地域では、ちがう種類のさくらが観そくされています。

東京都では靖國神社のなかに‘そめいよしの’の標本木がある。毎年、気象庁の職員が開花状況を観そくし、開花せん言が発表される。

さくらを見にいこう

日本には、さくらを楽しめる場所がたくさんあります。公園や城のあとに植えられているたくさんのさくら、大きくて立派な一本桜、そこでしか見られないめずらしいさくらなど、場所ごとにちがった楽しみ方があります。

日本三大桜（→8ページ）

長生きをしている巨木のなかでも、とくに有名な3つのさくらのことで、福島県の三春滝桜、山梨県の山高神代桜、岐阜県の根尾谷淡墨桜を指す。

巨木・古木のさくら（→10ページ）

巨木や、長生きをしている一本桜。その土地の人びとに親しまれ、とくべつに名前がつけられていることが多い。

お城のさくら（→14ページ）

城のあとにたくさん植えられたさくら。

並木のさくら（→ 18ページ）

道路ぞいや川ぞい、線路ぞいにならんで植えられたさくら。

公園・庭園のさくら（→ 22ページ）

公園や伝統的な日本庭園などに植えられたさくら。

物語のあるさくら（→ 26ページ）

さまざまな物語や歴史をもつさくら。

めずらしいさくら（→ 28ページ）

花の形が変わっていたり、春以外の季節にさいたりする、めずらしい種類のさくら。

自然のなかのさくら（→ 30ページ）

人によって植えられたのではなく、もともと自然のなかに生えているさくら。

さくらを見にいこう ①

日本三大桜

立派な巨木（→ 10ページ）のなかでも日本を代表するさくらです。これらは「日本三大桜」とよばれ、国の天然記念物に指定されています。

下から見ると、流れ落ちるたきのよう。太いそえ木がみきやえだをささえている。

三春滝桜 福島県田村郡三春町

高さ13メートルにもなる大きな‘しだれざくら’（→ 1巻）の木。みきのまわりは9メートル。四方にのび、たれ下がるえだに花をたくさんさかせるすがたが、たきのように見えるため、名づけられた。

ライトアップのようす。

山高神代桜 山梨県北杜市

高さ10メートルにもなるエドヒガン（→1巻）。みきのまわりは11メートル。とても弱ってかれそうだったが、2003年からおこなわれた大がかりな手入れによって、今は回復しつつある。

実相寺の庭にそびえる山高神代桜。

根尾谷淡墨桜 岐阜県本巣市

高さ17メートルにもなるエドヒガン。みきのまわりは9メートル。つぼみはあわいピンク色で、開花すると白色に、散りぎわは、あわいすみ色になることから、名づけられた。

満開の淡墨桜。

エドヒガンの花は‘そめいよしの’よりも小さい。

さくらを見にいこう ②

巨木・古木のさくら

日本三大桜（→８ページ）のほかにも、古くて大きなさくらの木はたくさんあります。手入れをされながら、今でも立派な花をさかせています。

伊佐沢の久保桜　山形県長井市

江戸時代には、えだが四反（およそ4000平方メートル）にもおよんでいたことから、四反桜という名前でも親しまれているエドヒガン（→１巻）。今では、一部のみきがかれ、部分的に残っているみきが北側と南側に大きく分かれたすがたになっている。

平安時代のはじめ、坂上田村麻呂が、お玉という女性を思い、このさくらを植えさせたという伝説から、久保桜は、お玉桜ともいわれている。

大きくふたつに分かれた伊佐沢の久保桜のみき。

狩宿の下馬桜　静岡県富士宮市

1193年、源頼朝が富士山のふもとで、えものをおいたててとらえる巻狩りをおこなったとき、近くにとまるため、馬をおりてこのヤマザクラ（→1巻）につないだと伝えられている。そのため、下馬桜、駒止の桜とよばれる。

源頼朝が馬をつないだといわれる狩宿の下馬桜。わか葉の色がまじり、あわいピンク色に見える。

大島の桜株　東京都大島町

伊豆大島にある、オオシマザクラ（→1巻）。四方に横たわったみきから、新しいみきがのびている。地元の人びとからは、桜株という名前で親しまれている。

横たわる太いみきから新しいみきが立ち上がって成長している。

石戸蒲桜　埼玉県北本市

「蒲冠者」とよばれる源範頼の言い伝えがあるので、蒲桜とよばれる。エドヒガンとヤマザクラの雑種（→1巻）と考えられている。

あわいピンク色に見える花をさかせる。

白子の不断桜　三重県鈴鹿市

季節を問わず、葉が絶えず、秋から春にかけて花がさくことから‘ふだんざくら’と名づけられたさいばい品種（→1巻）。さくらの虫くいの葉のすがたから、伊勢型紙（→3巻）がつくられたという言い伝えがある。

春のころの様子。茶色の葉と花がいっしょに見られる。

‘ふだんざくら’の花と葉。

さくらを見にいこう②

巨木・古木のさくら

まわりにはささえるための支柱が組まれている。

樽見の大桜 兵庫県養父市

江戸時代、出石藩（今の豊岡市）の大名が花見におとずれたと伝えられているエドヒガン（→１巻）。地元の人びとからは仙桜ともよばれている。

斜面から見上げた樽見の大桜。山の上にある。

醍醐桜 岡山県真庭市

鎌倉時代、島流しになった後醍醐天皇がこのエドヒガンを見たことから、この名前がついたといわれている。

開花の時期になると多くの花見客がおとずれる。

三隅大平桜 島根県浜田市

エドヒガンとヤマザクラ（→１巻）の雑種。
高さは17メートルにもなる。

えだは横に大きく広がっている。

花は白色。

一心行の大桜　熊本県阿蘇郡南阿蘇村

この地を治めた武将やその家来をとむらうために植えられたと伝えられているヤマザクラ。

菜の花といっしょにさく一心行の大桜。

吉良の江戸彼岸桜　徳島県美馬郡つるぎ町

３つに分かれたえだが大きく広がり、薄紅色の花をさかせる。

ピンク色の花をさかせる吉良の江戸彼岸桜。

奥十曽の江戸彼岸　鹿児島県伊佐市

エドヒガンの生える南限の鹿児島県の森林で見つけられた。根のまわりは、21メートルもある。

けい谷のなかに生えている奥十曽の江戸彼岸。

魚見桜　大分県速見郡日出町

昔、漁をする人びとが、高台にあるヤマザクラのさき具合を見て、魚のいる場所を考え、漁をしていたともいわれている。

菜の花といっしょにさく魚見桜の花。

魚見桜は、ほかのヤマザクラよりも早く花がさくため、海からでもよく見えたといわれている。

さくらを見にいこう ③

お城のさくら

かつて大名が住んでいた城のあとは、今では公共の場として利用され、花見の名所となっているところもあります。

五稜郭 **北海道函館市**

五角形をした西洋式の城の囲い。なかは公園になっていて、'そめいよしの'など、およそ1600本ものさくらが植えられている。

五稜郭タワーという展望台から見ると、さくら色の星形が見える。

五稜郭のなかの'そめいよしの'。奥に見えるのが、五稜郭タワー。

弘前公園（弘前城）
青森県弘前市

‘そめいよしの’を中心におよそ50種類、2600本のさくらがさきほこる。花びらがほりの水面を流れていく「花いかだ（→ 3巻）」や、花びらで、ほりをうめつくす「さくらのじゅうたん」も人気をよんでいる。

弘前城のほりがさくらの花びらでピンク色にそまる。

弘前城とさくら。

千鳥ヶ淵（江戸城）
東京都千代田区

皇居（天皇のすまい）の北西側にあるほり。まわりにたくさんの‘そめいよしの’が植えられている。

手こぎのボートもあり、水面からさくらを楽しめる。

高岡古城公園（高岡城）
富山県高岡市

3つのほりが、公園全体の3分の1をしめる。‘そめいよしの’やコシノヒガンザクラなど18種類およそ1800本のさくらが植えられている。

さくらは遊覧船からもながめることができる。

コシノヒガンザクラは、マメザクラ（→ 1巻）とエドヒガン（→ 1巻）の雑種で、富山県内の野山に生えている。

お城のさくら

さくらマップ

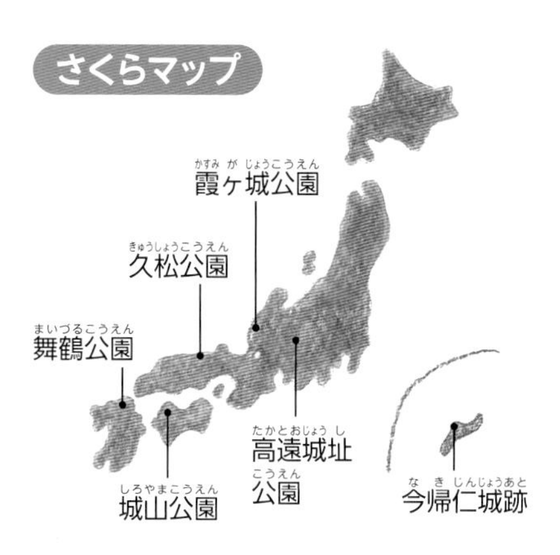

霞ヶ城公園（丸岡城）
福井県坂井市

小高い丘に立つ城で、天守を取りかこむように、およそ400本の‘そめいよしの’が植えられている。

満開のさくらがかすみがかかっているように見える。

高遠城址公園（高遠城）**長野県伊那市**

‘たかとおこひがん’というさいばい品種（→1巻）がおよそ1500本植えられている。

‘たかとおこひがん’はマメザクラ（→1巻）とエドヒガン（→1巻）の雑種で、‘そめいよしの’より小ぶりでピンク色が強い。

久松公園（鳥取城）**鳥取県鳥取市**

城のあとに久松公園が開かれた1923（大正12）年に、‘そめいよしの’が70本植えられたのがはじまり。よく年には裕仁皇太子（のちの昭和天皇）のけっこんを記念して、さらに多くのさくらが植えられた。

城の石垣とさくら。

城山公園（松山城）

愛媛県松山市

山の上にある松山城本丸にはリフトやロープウェイを使って登り、そのとちゅうでもさくらの花を楽しむことができる。植えられているさくらは‘そめいよしの’を中心に200本ほど。

天守をのぞむ広場にはたくさんのさくらが植えられている。

リフトではさくらを見下ろしながら移動する。

ライトアップされた城の石垣。

舞鶴公園（福岡城）

福岡県福岡市

福岡城は戦国時代の武将、黒田長政がつくった城。‘そめいよしの’や‘しだれざくら’（→1巻）など、およそ1000本のさくらが植えられている。

今帰仁城跡

沖縄県国頭郡今帰仁村

琉球北山王国（今の沖縄本島北部にあった国）の城のあと。石でつくられた城壁が今も残っている。城内には、カンヒザクラ（→1巻）がたくさん植えられている。

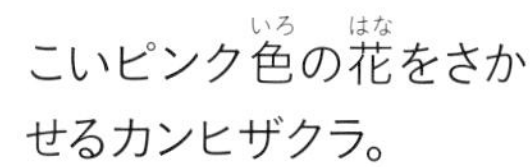

こいピンク色の花をさかせるカンヒザクラ。

さくらを見にいこう④

並木のさくら

道路や線路ぞい、川のほとりなど、
どこまでも続く並木のさくらを見てみましょう。

二十間道路桜並木 北海道日高郡新ひだか町

およそ2200本のさくらが直線7キロメートルにわたり、さきほこる道路。「二十間」というのは、左右の道路のはばが二十間（およそ36メートル）あるという意味。

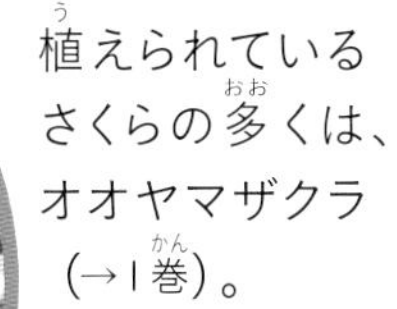

植えられているさくらの多くは、オオヤマザクラ（→1巻）。

こいピンク色のなみ木がずっと続いている。

北上展勝地　岩手県北上市

北上川のほとりにある名所で、2キロメートルにわたる桜並木のほかに、およそ150種類、1万本ものさくらが植えられている。

満開の桜並木。

馬車で桜並木をめぐることができる。

いすみ鉄道
千葉県夷隅郡大多喜町

春の季節は、さくらと菜の花が見られる鉄道として人気。列車と菜の花の黄色とさくらのピンク色が合わさってとてもはなやかに見える。

日光街道桜並木
栃木県宇都宮市

ヤマザクラ（→1巻）などのさくら並木のトンネルが杉並木街道へと続いている。日光市までおよそ16キロメートルにもなるさくら並木。

およそ1500本のヤマザクラが植えられている。

さくらのトンネルをぬける列車。

列車のなかからながめるのも楽しい。

並木のさくら

さくらマップ

河津川　静岡県賀茂郡河津町

河津町のさまざまな場所に植えられている‘かわづざくら’(→1巻)。開花が2月中ごろで、1か月くらいの長いあいだ、花が見られる。

河津川ぞいに植えられた‘かわづざくら’。

‘かわづざくら’の原木。オオシマザクラ(→1巻)とカンヒザクラ(→17ページ)の雑種。

花はこいピンク色をしている。

二ヶ領用水　神奈川県川崎市

江戸時代につくられた用水路。およそ340本の‘そめいよしの’が植えられている。水辺は整備されていて歩けるようになっている。

おだやかな用水路をながめながら、花見ができる。

海津大崎　滋賀県高島市

琵琶湖にせり出した岩しょう（岩場）地帯に、‘そめいよしの’がおよそ800本、4キロメートルにもわたって植えられている。

遠くには竹生島をのぞむ。

琵琶湖の水面にさくらのかげがうつっている。

造幣局　大阪府大阪市

「造幣局」とは、お札やこう貨を製造するところ。1883（明治16）年、当時の造幣局長がしき地内のさくらをだれでも見られるようにしたのが、さくらの通りぬけのはじまり。めずらしいしゅるいのさくらをたくさん見ることができる。

「造幣局さくらの通りぬけ」として有名。

‘えど’

‘ぎょいこう’

紫雲出山　香川県三豊市

標高352メートルの紫雲出山からは、瀬戸内海を後ろにたくさんのさくらを見渡すことができる。

おだやかな瀬戸内海にうかぶたくさんの島じまとさくらを同時に見られる。

さくらを見にいこう⑤

公園・庭園のさくら

大きな公園やお寺の境内、伝統的な日本庭園にも、いろいろなさくらがたくさん植えられています。

清隆寺　北海道根室市

根室市は、さくら前線（→4ページ）の終着点とされている。以前は、清隆寺に植えられているタカネザクラ（→1巻）が、気象庁の開花観そく（→5ページ）に使われていて、日本一おそい開花がせん言されていた。

寺のなかには、国後島から持ちこまれたタカネザクラが植えられている。

花は5～6月ごろにさく。タカネザクラをさらに細かく分けたものを、チシマザクラとよぶこともある。

角館武家屋しき　秋田県仙北市

角館は、江戸時代に栄えた城下町で、武家屋しき（武士が住んでいた家）などの古くからの建造物がたくさん残っている。およそ400本ほどの‘しだれざくら’（→1巻）が植えられているほか、桧木内川堤の‘そめいよしの’の並木が有名。

黒い武家屋しきのへいをピンク色の‘しだれざくら’がいろどる。

開成山公園　福島県郡山市

公園内にはおよそ1300本のさくらが植えられている。ここでは、日本でもっとも古い‘そめいよしの’が見られる。

公園内の五十鈴湖を中心にたくさんのさくらがさいている。

明治９～11（1876～1878）年に植えられたとされている‘そめいよしの’。

上野恩賜公園　東京都台東区

江戸時代に徳川家がつくった寛永寺があった場所。上野のさくらは、江戸時代に奈良県の吉野山（→27ページ）のさくらを植えはじめたことがはじまり。‘そめいよしの’を中心とした、およそ1200本のさくらが植えられている。

花見の季節になると、多くの観光客がおとずれる。

寛永寺清水観音堂のさくら。後ろに見えているのは不忍池。

『名所江戸百景　上野清水堂不忍ノ池』
江戸時代　歌川広重（国立国会図書館所蔵）

新宿御苑　東京都新宿区

明治時代につくられたヨーロッパ式の庭園と日本式の庭園を組み合わせた庭園。およそ65種類、1100本のさくらが植えられている。大正時代から皇室主催の観桜会が開かれていた。

庭園の向こうには高いビルが見える。

公園・庭園のさくら

兼六園　石川県金沢市

日本三名園のひとつで、江戸時代につくられた日本庭園。およそ40種類、400本をこえるさくらが見られる。八重ざき（→1巻）の‘けんろくえんきくざくら’が有名。

広い庭のなかの池や茶屋などをめぐりながら楽しめる、「廻遊式の庭園」とよばれている。

‘けんろくえんきくざくら’は、ひとつの花に花びらが300まい以上つき、きくの花ににている。

錦帯橋・吉香公園　山口県岩国市

日本を代表する木造のアーチ橋。江戸時代は、城下町をつなぐ大切な橋だった。大名の屋しきだったところは、吉香公園として整備されて、錦帯橋とあわせてさくらの名所になっている。

およそ3000本の‘そめいよしの’が植えられている。

大石寺　静岡県富士宮市

鎌倉時代に建てられた寺。広大なしき地には、およそ5000本ものさくらが植えられている。

日本庭園の真ん中にある明鏡池。富士山を背景にさくらを楽しめる。

重要文化財である五重塔と‘おむろありあけ’。

仁和寺 京都府京都市

平安時代のはじめごろに建てられた寺。境内には、おそざきの‘おむろありあけ’というさいばい品種（→1巻）が、およそ200本植えられている。

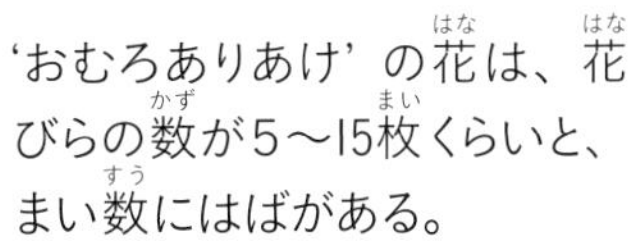

‘おむろありあけ’の花は、花びらの数が5〜15枚くらいと、まい数にはばがある。

小城公園 佐賀県小城市

江戸時代につくられた日本庭園がもとになっている公園。3月の終わりごろには、およそ3000本のさくらがさきほこる。

赤い花ぼんぼり（→3巻）が、夜になるとやさしくさくらをてらす。

園内には心字池という池があり、まわりにたくさんのさくらの木が植えられている。

さくらを見にいこう⑥

物語のあるさくら

ここでしょうかいするさくらには、
人から人へ伝えられている物語があります。
さくらの背景を知ることで、
さらに、花見を楽しめるでしょう。

光善寺の血脈桜 北海道松前郡松前町

松前町は、松前公園を中心としたさくらの名所で、およそ250種類、1万本のさくらがさく。なかでも、松前城の近くにある光善寺の境内にさく、血脈桜という八重ざき（→1巻）のさくらが有名。

血脈桜の物語

鍛冶屋のむすめの静枝が光善寺に植えたさくらは、毎年美しい花をさかせていた。その後、このさくらが切りたおされることになったとき、寺のおぼうさんの前に美しい女性があらわれ、自分はもう死ぬので、血脈（極楽浄土へ行くあかしとなる文書）をいただきたいのですといったので、おぼうさんは血脈をあたえた。次の日、おぼうさんがさくらの葉のかげに、昨日の血脈を見つけたため、木を切るのをやめた。女性は、さくらの木を大切にしていた静枝であると言い伝えられている。

血脈桜は、'まつまえはやざき' というさいばい品種（→1巻）。

八重ざきの花で、さきはじめはあわいピンク色。

吉野山
奈良県吉野郡吉野町

ヤマザクラを中心に３万本のさくらが山全体に植えられている。ふもとから山頂に向かって、下千本、中千本、上千本、奥千本と場所ごとに名前がついていて、ふもとから山頂に向かって開花の時期がうつっていくため、長いあいだ花見を楽しめる。

吉野山のさくら。千本桜（→３巻）とは、吉野山のさくらの様子を表した言葉。

吉野山のさくらの物語

飛鳥時代、役行者とよばれる修行者が、ほとけのすがたをさくらの木にほり、お堂を建ててまつったのが、吉野山の金峯山寺のはじまりとされている。その後、お寺に参る人びとが、願いをこめてさくらを吉野山に植えたことから、現在は３万本ものさくらがあるといわれている。

被爆桜　**広島県広島市**

原子爆弾が落とされた後にも生き残ったさくらを被爆桜という。

広島市役所のなかで花をさかせる‘そめいよしの’。

被爆桜の物語

1945（昭和20）年８月６日に落とされた原子爆弾は、広島市を焼け野原にしてしまった。そんななか、何本かのさくらの木は生き残り、新しく芽をのばして、現在でも花をさかせるさくらがある。

さくらを見にいこう ⑦

めずらしいさくら

さくらには、100種類をこえる
さいばい品種（→1巻）があります。
そのなかの、めずらしいさいばい品種の
さくらを見ていきましょう。

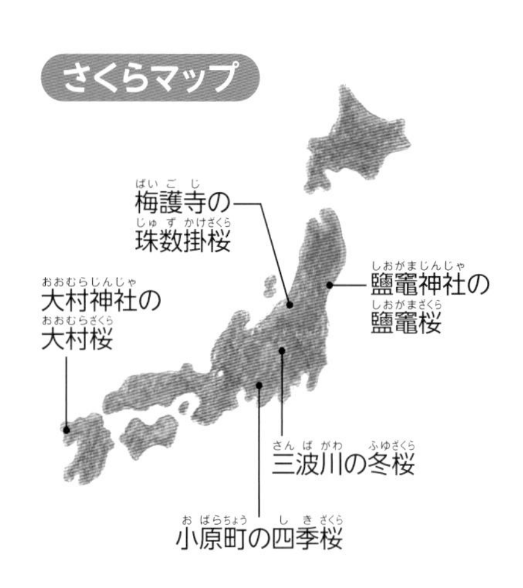

鹽竈神社の鹽竈桜 宮城県塩竈市

鹽竈神社の境内に植えられている、八重ざき（→1巻）の‘しおがまざくら’というさいばい品種。平安時代から、鹽竈桜をうたった歌が知られている。

花びらのまい数は、およそ80まい。

梅護寺の珠数掛桜 新潟県阿賀野市

鎌倉時代の僧である親鸞が、手にした数珠を道に生えていたさくらのえだにかけて仏法を説いたところ、毎年、数珠のふさのように、たれ下がった花がさくようになったと伝えられている。

ふさ

数珠のふさのような花がさくことから、この名前がついた。

八重ざきの花をつける‘ばいごじじゅずかけざくら’というさいばい品種の花。

三波川の冬桜　群馬県藤岡市

桜山公園に植えられている‘ふゆざくら’というさいばい品種で、秋から春にかけて、花をさかせる。‘ふゆざくら’は、オオシマザクラ（→1巻）とマメザクラ（→1巻）の雑種。

‘ふゆざくら’の花。

紅葉の時期に花をさかせる‘ふゆざくら’。

小原町の四季桜　愛知県豊田市

‘しきざくら’というさいばい品種で、マメザクラとエドヒガン（→1巻）の雑種。秋から冬にかけて花をさかせる。

‘しきざくら’の花。

真っ赤にそまった紅葉と、ピンク色の花の景観が美しい。

大村神社の大村桜　長崎県大村市

‘おおむらざくら’というさいばい品種で、花のなかに、さらにもうひとつの花をかさねたようにさく、めずらしいさくら。花びらも60〜200まいと多い。

‘おおむらざくら’は大村神社や大村公園におよそ300本あり、ピンク色の花をさかせる。

さくらを見にいこう ⑧

自然のなかのさくら

昔から、野生のさくら（野生種→1巻）が野山に生えています。自然のなかで力強く花をさかせるさくらを見ていきましょう。

ヤマザクラ
カスミザクラ

高峯の山桜 茨城県桜川市

桜川市の高峯などの山やまには、たくさんのヤマザクラ（→1巻）やカスミザクラ（→1巻）が生えている。

緑の森を、パッチワークのようにいろどるさくらの花。

つつじヶ原の富士桜群落

山梨県富士吉田市

富士山吉田口登山道の中ノ茶屋から大石茶屋にかけて、およそ2万本もの富士桜群落が見られる。

富士桜とは、マメザクラ（→1巻）の別名で、木はあまり高くならない。

マメザクラの花は、白、またはうすいピンク色。

古座川の熊野桜

和歌山県東牟婁郡古座川町

2018年に発見された野生種のさくら。これまではヤマザクラと思われていたが、花や葉の形をくわしく調べると、新種であることがわかった。

古座川町にあるクマノザクラのタイプ木。タイプ木とは、新しく種名をつけるためのタイプ標本をとった木。

うすいピンク色の花をさかせる。

自然のなかのさくら

さくらマップ

まわりにあった木が切られ、のびのびとえだをのばしている。

月光桜

高知県幡多郡大月町

白い花と緑色の葉が月夜にはえることに加え、大月町の地名にちなみ、月光桜とよばれている。

月光桜の花。葉はあまり赤くなく、さいているときにほとんどのびない。

牧野富太郎

月光桜は足摺桜ともよばれている。足摺桜とは、高知県出身の植物学者の牧野富太郎が、この地域で名づけたと伝えられている名前。

綾町の山桜

宮崎県東諸県郡綾町

綾町にある照葉大吊橋に行くとちゅうに広がる、照葉樹林のなかで見られるヤマザクラ（→1巻）。

緑の森のなかに点てんと白色や赤色がいろどる。

やってみよう

いろいろなさくらの写真をとろう

さまざまなさくらの名所で、さくらの写真をとってみましょう。さくらだけをとるのではなく、いろいろな背景と合わせるなど、くふうしてみましょう。

必要なもの

- デジタルカメラ
（もしくはスマートフォンのカメラ）

青空といっしょに

天気がよければ、青空といっしょにさくらをとってみよう。さくらの花が、青空に美しくはえる。また、雲が少しあると変化が出てよい。

建物といっしょに

神社やお寺など、歴史のある建物といっしょにとってみよう。さくらならではの、和のふんいきを出すことができる。神社やお寺によっては、さつえいが禁止されているところがあるため、注意しよう。

水面といっしょに

水面にうつったさくらも合わせてとってみよう。「桜かげ（→3巻）」ともいい、本物のさくらと水面にうつったさくらが合わさってはなやかになる。花びらが水面にうかんだ様子（花いかだ→3巻）も、見つけたらさつえいしてみよう。

逆光に気をつけよう

太陽の光に向かって写真をとろうとすると、太陽の光がとる物の後ろから当たり、暗くうつってしまう。太陽の光の向きにはいつも注意しよう。

世界で親しまれている日本のさくら

日本のさくらは、海外にも植えられており、たくさんのさくらの名所がつくられています。今や世界のさくらは平和のシンボルです。

ワシントンD.C.のさくら

外国の花見の名所として有名なのが、アメリカのワシントンD.C.です。今では、'そめいよしの' を中心とした、およそ3800本のさくらが植えられています。

さくらが植えられるきっかけとなったのは、1885年、作家で写真家でもあるエリザ・シドモアが日本へやってきたときに見たさくらの美しさに感動し、ワシントンD.C.にさくらの木を植えることをすすめたからです。その後、日本からさくらの木がおくられ、ワシントンD.C.は、毎年「全米桜祭り」が開かれるほどのさくらの一大名所となりました。

さくらの木を植えることを政府にすすめたエリザ・シドモア。

ワシントンD.C.は、さくらをおくってもらったお礼にハナミズキを日本へおくった。

ワシントンD.C.のさくら並木。

世界のさくらの名所

世界各地でも、さまざまなさくらが見られます。日本からおくられたさくらが、大切に育てられ、海外で名所になっているのです。

スウェーデン・ストックホルム

スウェーデンの首都、ストックホルムの王立公園では、1998年に日本からおくられたさくらの花がきれいにさきほこる。開花の時期は、4月終わりごろから5月中ごろ。

王立公園のふん水広場のさくら。

トルコ・イスタンブール

2010年に、トルコと日本との友好のあかしとしておよそ3000本のさくらの木が日本からトルコへおくられ、イスタンブールやアンカラなどに植えられた。

イスタンブールで見られるさくら。

中国・武漢

武漢市東部にある、東湖桜花園に1万本以上のさくらが植えられている。ここに植えられているさくらの多くは、中国と日本とで共同で植えられたもの。

さくらで満開の東湖桜花園。

さくらメモ

外国人から見た日本の花見

外国人から見た日本の花見は、とても人気があります。とくに、外国では、日本のように花を見ながら、お酒をのむ習慣がありません。美しいさくらの下で、色とりどりのおべんとうを食べながら、おいしいお酒をのむ日本の花見は、外国人にとって、とてもおもしろく見えるのだそうです。

これからもさくらを楽しむために

さくらの木を放っておくと、えだが折れたり、みきがたおれたりします。そうならないように、さまざまな取り組みがなされています。

さくらを放っておくと

さくらの木を手入れせず放っておくと、かれたえだが目立ち、花もあまりつかなくなってきます。もっとひどくなると、カビやキノコが原因でみきがくさってきて、なかが空どうになり、たおれてしまうこともあります。

人が植えたさくらは、人がしっかりと世話をしなければなりません。

とつぜん、えだが折れて落ちてくることもある。

みきがくさっている‘そめいよしの’。

みきをくさらせるカワウソタケというキノコ（→1巻）。

台風によって根ごとたおれたさくらの木。

さくらの木をしんだんする

　さくらの木が健康なのか、危険ではないのかをしんだんする方法はいくつかあります。えだや葉などの見た目を観察することはもちろん、みきの内部、根や土のじょうたいなどを全体的にみて、さくらの健康じょうたいや弱った原因などを調べます。

　こうした樹木のしんだんや、弱った木の治療、危険な木の伐採などを「樹木医」とよばれる専門家がおこなっています。

細いえだが集まって生え、花がさいていなかったら、要注意。サクラ類てんぐ巣病という病気かもしれない。

えだや葉、花をみる

花や実、葉におかしなところはないか、危険なえだがないかなどを観察する。おかしなところがあればその原因をさがす。

みきをみる

内部がくさっていないか、キノコやカビが出ていないかなどを観察して、みきのじょうたいをしんだんする。

レジストグラフという機械を使って、みきに細いあなを開け、なかを調べる。

根をみる

土をほって、根がきちんとはっているか観察したり、根のまわりの土を観察し、樹木によい土か、しんだんしたりする。

さくらの木を手入れする

さくらの木が健康か、安全かをしんだんした後、適切な手入れを続けていれば、さくらの木は、長生きし、美しい花も長くさかせることができます。

かれたえだや病気になったえだを切ったり、土の具合をみて肥料やよい土を入れたり、みきを強くしたりといった手入れをおこないます。

さくらの木の手入れ

さくらの木は、正しい手入れをおこなうことで、健康でいられる。

えだを切る

落葉している秋から冬にかけておこなう。病気になったえだや、のびすぎたえだ、かれたえだなどを切る。切った後は、虫やキノコが入らないように薬をぬる。

みきを守る

さくらのみきやえだが折れたりたおれたりしないように、そえ木で補強する。

土をよくする

土をほりおこし、よい土をまぜたり、肥料を加えたりすることで、適度に水分をたもち、空気を通しやすい、木の成長にとってよい土に変える。

見開き両方のページに同じ言葉があった場合、左側のページの番号を入れています。

さくいん

監修　勝木俊雄

1967年福岡県生まれ。1992年東京大学大学院農学系研究科修士課程修了。農学博士。現在、国立研究開発法人森林研究・整備機構森林総合研究所 多摩森林科学園チーム長。専門は樹木学、植物分類学、森林生態学。著書に『桜』（岩波新書）、『まるごと発見！　校庭の木・野山の木① サクラの絵本』（編著　農山漁村文化協会）、『サイエンス・アイ新書 桜の科学』（SBクリエイティブ）など多数。

スタッフ

装丁・デザイン　高橋里佳　桑原菜月（Zapp！）
イラスト　今井未知　鴨下潤　ニシハマカオリ
校正　株式会社 みね工房
編集制作　株式会社 童夢

写真提供・協力（五十音順・敬称略）

綾町　P32 ／ 石川県　P24／（一社）伊那市観光協会　P16 ／（一社）北上観光コンベンション協会　P19 ／（一社）郡山市観光協会　P23 ／
一般社団法人 岐阜県観光連盟　P9 ／ 一般社団法人 浜田市観光協会　P12 ／ 一般社団法人 真庭観光局　P12 ／
植木ペディア（https://uekipedia.jp）P4, P9, P20 ／ 宇都宮観光コンベンション協会　P19 ／
©Elena Antipina, ©Huating, ©Kerstin700　by　Dreamstime.com　P35 ／ 小城市商工観光課　P25 ／ 奥田清貴（日本樹木医会三重県支部）　P11 ／
勝木俊雄　P15, P25, P28, P29, P30, P31 ／株式会社　タウンニュース社　P36 ／ 株式会社　三春まちづくり公社　P8 ／
川崎みどり研究所　P11 ／ 河津町観光協会　P20 ／ 北本市観光協会　P11 ／ ©（公財）大阪観光局　P21 ／
公益社団法人 鳥取県観光連盟　P16 ／（公社）びわ湖高島観光協会　P21 ／ 国立国会図書館　P23, P32 ／ 桜川市　P30 ／
斜面から見上げた樽見の大桜 Japanese cherry by Mitumata（CC BY-SA 3.0）https://creativecommons.org/licenses/by-sa/3.0/　P12 ／
新宿御苑の桜 by Kakidai（CC BY-SA 3.0）https://creativecommons.org/licenses/by-sa/3.0/deed.en　P23 ／ 新ひだか町　P18 ／
森林総研九州支所　P37 ／ 総本山仁和寺　P25 ／ 高岡古城公園管理事務所　P15 ／ つるぎ町　P13 ／ 鳥取市教育委員会　P16 ／
中西一登　P32 ／ 中村昌幸（日本樹木医会三重県支部）　P11 ／根室市観光協会　P22 ／ PIXTA　P5, P13, P17, P18, P19, P24, P36 ／
広島市広報課　P27 ／ 福岡城さくらまつり実行委員会　P17 ／ 藤岡市　P29 ／ 富士宮市観光課　P11 ／ 松前観光協会　P26 ／
三豊市観光交流局　P21 ／ やまなし観光推進機構　P31 ／渡邊 剛（桜日和）P20

もっと知りたい さくらの世界

2 さくらを見にいこう

2020年３月　初版第1刷発行

監　修　勝木俊雄
発行者　小安宏幸
発行所　株式会社汐文社
〒102-0071　東京都千代田区富士見1-6-1
電話 03-6862-5200　ファックス 03-6862-5202
URL https://www.choubunsha.com
印　刷　新星社西川印刷株式会社
製　本　東京美術紙工協業組合

ISBN 978-4-8113-2681-8